U0192215

WATCH THIS SPACE!

STARS, GALAXIES and the MILKY WAY

你看！外太空

恒星、星系和银河系

[英] 克莱夫·吉福德 / 著 张春艳 / 译

浙江人民出版社

图书在版编目（CIP）数据

你看！外太空 /（英）克莱夫·吉福德著；张春艳
译 . — 杭州：浙江人民出版社，2022.1
ISBN 978-7-213-10310-0

Ⅰ . ①你… Ⅱ . ①克… ②张… Ⅲ . ①宇宙—普及读
物 Ⅳ . ① P159-49

中国版本图书馆 CIP 数据核字 (2021) 第 194777 号

浙 江 省 版 权 局
著 作 权 合 同 登 记 章
图字：11-2020-499 号

First published in 2015 by Wayland, an imprint of Hachette Children's Group,
part of Hodder and Stoughton

目 录 CONTENTS

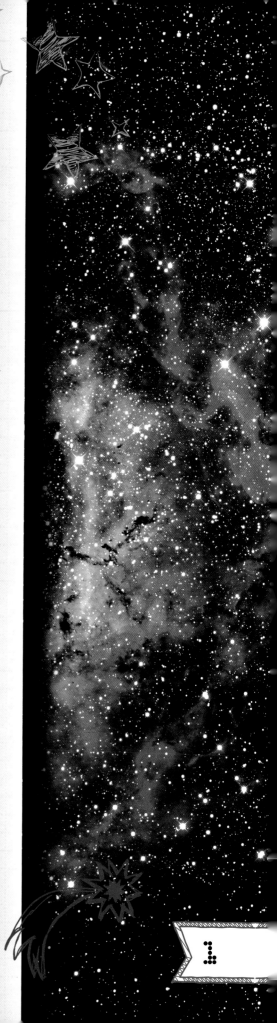

群星璀璨的天空

遥远的恒星和行星看起来都是一个个小光点，但实际上，它们是完全不同的天体。行星在夜空中看起来"发光"，是因为它们的表面反射了从其他恒星照射过来的光。恒星才是真正的发光体，它们发射的是自己产生的光。

什么是恒星？

恒星是一个被引力聚在一起的巨形气态球状体。恒星发射出巨大的热能和光能。这些能量产生于恒星的核心。

恒星的"大家庭"

星系聚集了数量庞大的恒星、行星、尘埃和气体云，把它们维系在一起的就是引力。引力是物体与物体之间的吸引力。我们所在的星系叫作银河系。我们星系的邻居有大麦哲伦云和巨大的仙女星系。

> 一闪一闪亮晶晶，满天都是小星星……

> 其实，恒星是巨型气态球体，主要气体是氢气，靠自身引力聚合在一起。

大麦哲伦云

光年的长度

太空中天体间的距离相当遥远，以至于无法用"千米"来衡量，所以天文学家用"光年"来作为长度单位。1光年是光沿直线经过1年的时间行走的距离。你可以想象一下，仅1秒钟，光就能穿行299792458米。1光年则是非常长的距离，距离为94605亿千米。

你好，"邻居"！

大犬矮星系是离地球最近的星系——仅2.5万光年的距离。仙女星系也被认为是我们的"邻居"，但它距离地球有200万光年。

美轮美奂的仙女星系

宇宙中有多少颗恒星？

总的数量无人知晓。欧洲航天局（European Space Agency, ESA）估计，仅银河系就至少有1000亿颗恒星。加上宇宙中其他星系的恒星数量，你将得到一个难以置信的无比巨大的数字。

4.24

地球到比邻星的距离是4.24光年。它是太阳系外距离地球最近的恒星。

距离地球最近的恒星

太阳体积非常巨大，可以装下 1.03 亿个地球。它距离地球 1.496 亿千米，这个数字听起来好像非常遥远，但已经近到足够让天文学家去详细研究它。

嘿，太阳核心！

太阳核心的高温和高压使氢原子融合形成氦。这个过程被称为核聚变，会产生巨大的热能和光能。

漫长的旅程

核心产生的能量会一波接一波地穿过太阳的辐射区。这段旅程有可能长达 10 万年。能量随着由热气组成的旋涡流，穿过对流层，然后到达太阳表面。

10 万千米

某些大型日珥的高度可达 10 万千米。这是珠穆朗玛峰海拔的 11000 倍。

太阳是由什么物质组成的?

太阳由大约 74% 的氢气和 25% 的氦气以及少量的其他物质组成。

太阳最外层大气（也被称为日冕）可延伸至几百万千米之外。有些地方温度高达 200 万摄氏度

对流层中上升和下降的气流将能量带至太阳表面

日珥是不时从太阳表面喷射出来的巨大的热气团

在太阳表面，由于局部温度低于周围区域而显得比较"暗"的区域叫作"太阳黑子"

太阳内部

辐射区比较稠密，它包围着太阳核心

太阳核心无比炙热——约 1500 万摄氏度

太阳表面（也被称为光球层）由炙热的气体组成，平均温度为 5500 摄氏度

光球层外面是色球层，它是太阳上厚度为 2000 千米的内层大气层

原恒星诞生

恒星由叫作"星云"的巨型气团演化而来。这为我们带来了一些宇宙中非常令人窒息的绝美景象。刚刚形成的恒星被称为原恒星。

创生之柱

"云雾"环绕

星云由气体和尘埃组成。这些云团宽度为 1—3 光年，远远大于我们整个太阳系。雷神的头盔星云跨度超过 30 光年。

鹰之眼

鹰状星云距地球约 6000 光年。哈勃空间望远镜曾拍摄到鹰状星云的壮观图片。在星云内部，气体和尘埃形成的柱状物可以高达 37 万亿千米。天文学家称它们为"创生之柱"。

80 万个

这是在蜘蛛星云发现的恒星和原恒星数量。

恒星的起源

1 大部分星云处于休眠状态，除非受到超新星爆炸和星系之间碰撞的干扰，或者有恒星从旁边路过

2 这些干扰对星云形成推拉的作用力。在自身引力的作用下，部分云团向内收缩

3 同时，它开始旋转，使越来越多的气体和尘埃凝聚在一起。随着时间的推移，云团中心变得越来越稠密，温度升高，原恒星就诞生了

主序星

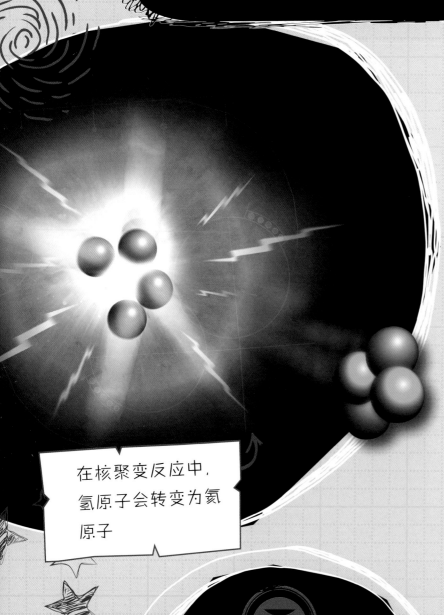

随着原恒星不断成长，它的核心变得越来越稠密，温度越来越高。在大约 1000 万摄氏度时，原恒星的核将被点燃，氢开始转变为氦，随后产生出无比巨大的能量。

在核聚变反应中，氢原子会转变为氦原子

恒星的不同阶段

恒星一旦开始核聚变，就进入了主序阶段。大多数恒星的大部分时间都处于主序阶段，只有当它们的氢燃料耗尽时才会改变。太阳大概处于主序阶段的前半程，距离主序阶段结束还有 90 亿—100 亿年。我们能观察到的大部分恒星都处于主序阶段。

360 亿吨

这是太阳每分钟进行核聚变消耗的氢气燃料的估计量。不过别担心！太阳内的氢气燃料还可以持续剧烈燃烧数十亿年。

压力与引力

压力和引力，是两种相互抗衡的力量。它们起防止主序星的形状或大小发生改变的作用。引力将气体拉向恒星中心，而从恒星核心而来的压力将气体推向外面。

比邻星是一颗主序星。它虽然是离我们太阳系最近的恒星，但因为不是很亮，所以肉眼无法看见它

"失败"的恒星

小型原恒星，如果不到太阳质量的十分之一，就无法变成真正的恒星。它们没有足够的质量来进行核聚变反应，所以它们是带着热量存在于太空之中的天体，被称为褐矮星。它们的大小大约在木星的10—80倍。

2014年发现的WISE0855-0714是已知的最寒冷的褐矮星，它的温度在零下48到零下13摄氏度之间，寒冷刺骨！

褐矮星的
艺术想象图

遥望恒星

从地球上看，肉眼可见的恒星有 6000 多颗。除此之外，借助望远镜和其他设备，人类还揭开了数百万颗恒星的神秘面纱。

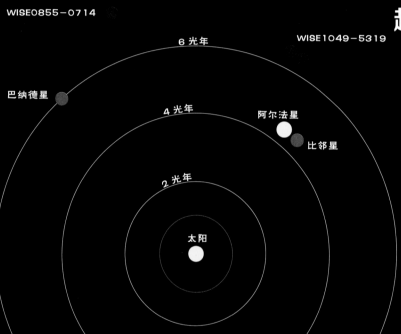

WISE0855-0714

6 光年

WISE1049-5319

巴纳德星

4 光年

阿尔法星

比邻星

2 光年

太阳

超近距离的恒星

约有十几颗恒星与我们的距离不到 10 光年。在更远的地方，还有更多的恒星。在 10—50 光年之间，已知的恒星有 2000 多颗。

小·麦哲伦云上恒星"闪烁"

为什么恒星会"闪烁"？

实际上，大部分恒星都不闪烁。我们看到的恒星"闪烁"，是地球上不断移动的大气，使从恒星上照射过来的光弯曲，给人忽明忽暗的感觉。

在时光里穿梭

　　高清望远镜能帮助人们深入探索夜空，观察到亮度更低、距离更远的恒星。恒星距离地球越远，它的光线到达地球的时间就越长。这意味着，如果天文学家观察到一颗距离为 1000 光年的恒星，实际上，他们看到的是这个恒星 1000 年之前的样子。真令人不可思议！

眺望远处

　　有些恒星虽然距离极其遥远，但还是在夜空中清晰可见。仙后 ρ 型星是距离地球约 8200 光年的巨星，但是在地球的北半球，不用借助望远镜，用肉眼就可以观察到它，因为它发出的光比太阳还亮。

看起来……

　　视星等是从地球上用肉眼观察到的恒星的亮度等级。视星等越低，恒星的亮度越高。从地球上看，最亮的恒星是太阳，视星等为 -26.74，其次是天狼星，视星等为 -1.46。

夜空

南河三
（视星等：0.38）

参宿四
（视星等：0.5）

天狼星
（视星等：-1.46）

恒星的质量

不是所有的恒星都是一样的。恒星的大小、颜色、温度和亮度都差异巨大。

炙热的火球！

太阳绝不是太空中温度最高的恒星。有些恒星表面的温度是太阳的 6 倍。比如，圆规座 δ 的表面温度高达约 25000 摄氏度。好一个大热天！

参宿七是一个直径为 1 亿千米的"大个子"。它发射出的蓝白光线照耀着整个女巫头星云

女巫头星云

光谱型

天文学家根据恒星的颜色和温度将恒星分类的系统，叫作光谱型。恒星的光谱型主要有 7 种。太阳是 G 型星。

光谱型	颜色	温度（摄氏度）	恒星举例
O	蓝色	>30000	圆规座 δ，猎户座 σ
B	蓝白色	9750—30000	大犬座 Z 星，参宿七
A	白色	7100—9750	天狼星 A，织女星，北落师门 B
F	黄白色	5900—7100	老人星，Wasp-24
G	淡黄色	5200—5900	太阳，半人马座 α
K	橙色	3900—5200	北河三，格利泽 86，大角
M	微红色	2000—3900	心宿二，比邻星

O B A F G K M

红矮星

红矮星是能进行氢融合反应的恒星中体积最小的。宇宙中超过一半的恒星都是红矮星，包括离我们最近的比邻星。在氢气燃尽之前，它们可能会持续存在 1 万亿年。然后，由于自身的重量，它们将向内坍塌，变成黑矮星。

20 秒

这是手枪星云星（一个 B 型星）发射出太阳一年发射的能量总和所需要的时间。

仙王座 μ 星因星深红色，别名"石榴星"。它是宇宙最璀璨的恒星之一，亮度是太阳的 35 万倍

明亮的光线

光度可以衡量一个恒星发射出能量的多少，你可以把它想象成一个恒星发射光线的亮度。一颗恒星在夜空中比其他恒星亮，要么它离我们比较近，要么它的光度比其他恒星高。参宿七离我们 800 多光年，但它是地球上可见的亮度第七的恒星，因为它的光度非常高——比太阳高 11.7 万倍。

奇怪的恒星

有些恒星成对漂浮在太空中，有些从其他恒星中"窃取"大气和尘埃，有些发出的光芒亮度会改变。让我们来看看太空中这些奇怪的恒星。

双星

双星是两颗由于相互的引力而结合在一起的成对的恒星。这两颗恒星围绕它们质量的中心点进行轨道运动。天狼星，肉眼看起来只有一颗恒星，其实是由天狼星 A 和天狼星 B 组成的一对双星。

这两颗白矮星双星被锁定在一条轨道上，这条轨道每小时收缩 2.5 厘米。科学家们预计，两颗星会在几十万年后融合

"窃取"恒星物质

有些双星互相影响。其中的一颗恒星会"窃取"另一颗恒星上的物质。这些物质可以使恒星变大，或者在恒星周围形成一个叫作吸积盘的圆盘。

从较大的恒星"偷来"的物质在较小的恒星周围形成了一个吸积盘

吸积盘

明暗交替

造父变星周期性地改变亮度，例如：船尾座 RS 亮度的改变周期为 6 周。这颗变星的膨胀和收缩，导致光线亮度起伏变化。这帮助科学家们准确地计算它距离地球的距离为 6500 光年，误差仅为 1%。

船尾座 RS 的大小是太阳的 200 倍，亮度为太阳的 1.5 万倍

恒星系统

除了双星之外，还有些恒星系统可包含 3 颗、4 颗甚至更多的恒星，它们由引力联系在一起。例如：大陵五就是一个由 3 颗恒星组成的恒星系统。其中两颗星的运行轨道导致每隔 68 小时，其中一颗就会被另一颗遮挡，从地球上观察时可以看到这个现象。

100—1000 秒

这是鲸鱼座 ZZ 变星改变亮度的周期。如此之快！

你可以离开啦！

最近，金牛 T 星系统中的 4 颗恒星形成的引力作用，已经导致其中最小的行星被抛出整个系统，它的大小只有太阳的五分之一左右。

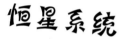

恒星之死

恒星并不会永久存在。当一个恒星的氢气在核反应中消耗殆尽时，这颗恒星的主序阶段就会结束。恒星的大小和质量决定最后阶段将发生什么。

红巨星

如果一颗恒星的大小和太阳相近，它将利用外层的氢气继续进行核聚变反应。这将导致它的核心收缩，而外层膨胀。恒星肿胀变大，变成一颗红巨星。

超巨星

如果恒星体积远远大于太阳，它将经过同样的过程成为一颗红巨星，然后继续长大，变成一颗红超巨星。

太阳大小的恒星

大质量星

多彩星云

当红巨星燃料用尽，它的核心会坍缩，外层物质会被抛射出来，形成云状的行星状星云。

白矮星

当行星状星云散去，红矮星的核心保留下来，成为一颗白矮星。白矮星是体积很小、密度很大的天体。随着时间的推移，它的温度会逐渐冷却下来。

白矮星

红巨星

行星状星云

红超巨星

II 型超新星

中子星

爆炸终结

当超巨星燃料消耗殆尽，它将爆炸成为一颗 II 型超新星。然后将继续变成中子星或黑洞。

黑洞

超 新 星 !

超新星是一种将恒星分裂的巨型爆炸。这种恒星死亡随处可见，遍布于宇宙最猛烈的事件之中。

I a 型和 II 型超新星

超新星形成的方式并不相同。当双星之间发生物质转移时，将形成 I a 型超新星；而当一颗体积较大的恒星氢气燃料用尽后膨胀，变成一颗超巨星，然后开始在核心融合越来越重的元素，就形成 II 型超新星。最终，恒星内核无法支撑自身的重量，开始迅速向内塌陷。

爆炸事件

随着恒星核心剧烈坍塌，散发出来的能量造成一种剧烈的冲击波，向外反弹，以巨大的力量和速度将恒星的外层冲散。天文学家测量了 1987A 超新星的残骸，发现它们以每小时 3000 万千米的速度飞驰而去。

超新星温度有多高？

超新星表面的温度可以高达 20 万摄氏度，而它的核心温度可急速飙升至 1000 亿摄氏度。这个过程可以释放出无比巨大的光能。一些超新星甚至比整个星系还要亮许多。

科学家们想象中的 I a 型超新星看起来大概长这样

日间可见

到目前为止，从地球上观察到的银河系最后一颗重要的超新星是开普勒超新星，它以德国著名的天文学家约翰尼斯·开普勒（Johannes Kepler）的名字命名。虽然这颗超新星位于2万光年以外宇宙之中，但在1604年，开普勒曾用肉眼就观察到了它。这颗超新星如此明亮，有3周时间，即使在白天，从地球上也可以看见它。

100 亿倍

这是超新星爆炸时的亮度比上太阳亮度的倍数。

远古残骸

超新星的残骸可以成为天文学家长时间持续观察的对象。1054年，中国天文学家在夜空中发现了一颗恒星，它非常明亮，后来的两年都可以观察到它。科学家们认为这是一个巨型超新星，它的残留物形成了蟹状星云。直到现在，天文学家都还在研究它。

年轻的"猎人"

2011年，加拿大10岁的女学生凯瑟琳·奥萝拉·格雷（Kathryn Aurora Gray）在研究用高清望远镜从阿比奇天文台拍摄的照片时，发现了一颗新的超新星——超新星2010lt。两年后，她的弟弟内森（Nathan）也发现了另一颗新的超新星。

中子星与脉冲星

超新星将恒星里的物质散播在太空中，但又小又重的核心会被保留下来。它经过更长的时间向内坍塌，使原子聚变成中子，形成一颗中子星。

难以置信的稠密

中子星是所有恒星之中密度最大的。虽然大部分中子星的直径大约在 20 千米，但包含的物质和整个太阳系一样多。换句话来说，如果你舀一满勺的中子星的物质，它会立马将勺子压坏，因为它的重量将超过 100 万吨。

目前为止，天文学家已在太空中发现约 2000 颗中子星

重家伙

根据科学家的数据，一个棒球大小的中子星块将重达 200 亿吨——大约是地球上所有人的重量的 40 倍

有关引力的那些事儿

中子星太小，以至于无法通过核聚变产生光线，但巨大的质量意味着它们施加的引力大到令人难以置信。在密度极大的中子星上感受到的引力，可能是在地球上感受到的引力的数万亿倍。

晕头转向

脉冲星发现于 1967 年，它是不停旋转并规律地发射出物质流和射线的中子星。船帆脉冲星每秒旋转 11 次，比直升机螺旋桨旋转速度还快。同时，它发射出的一股物质喷流，几乎长达四分之三光年。

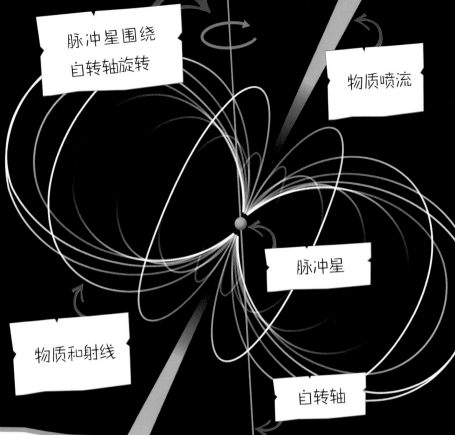

脉冲星围绕自转轴旋转

物质喷流

脉冲星

物质和射线

自转轴

能量大爆发

中子星强烈的引力使它的表面处于巨大的压力之下。有时，中子星表面部分破裂，释放出一股巨大的能量，叫作星震。2004 年记录的一次星震持续仅片刻，但据估计，其释放出了 10^{40} 瓦的能量。哇！

43000 次

这是脉冲星 J1748-2446AD 每分钟自转的次数。它是已知自转最快的脉冲星。

什么是磁星？

磁星是中子星的一种，它拥有令人难以置信的强有力的磁场，大约是普通中子星磁场的 1000 倍，是任何一种人造磁铁的数亿倍。

星 系

　　星系是由引力聚集在一起的所有恒星、行星、星云、星际物质（气体云和尘埃云），以及其他天体组成的巨大群组的总称。

恒星的数量

　　不同星系的恒星数量相差非常大。一个小星系所含的恒星数量不到 10 亿颗，而有些星系的恒星数量有 4000 多亿颗。仙女星系的恒星数量多达上万亿颗。

为什么很多星系的英文名称都是以字母"M"开头的呢？

　　字母"M"代表梅西叶星云星团表，它是 18 世纪法国天文学家查尔斯·梅西叶（Charles Messier）和他的助手皮埃尔·梅尚（Pierre Méchain），列出的一个星系和星云的总清单。

　　天文学家发现在 M101 星系（也称风车星系）中，超过 3000 个区域出现了新形成的恒星。M101 星系的范围大约有 17 万光年

撞击，砰！

星系之间有时会发生碰撞。这种碰撞可以持续数百万年。那两个正在碰撞中的触须星系已经持续撞入对方至少 1 亿年了。撞击产生的巨大压力正助力于新生恒星的诞生。

103 个

这是梅西叶星云星团表中的天体数量，包含了许多星系。这个天体列表于 18 世纪 80 年代公开发表。所有列表中的天体都可以用一个小型望远镜或较好的双筒望远镜观测到。

拉锯战

另外一对星系——NGC 2207 和 IC 2163，才刚刚开始碰撞。科学家们预计，两个星系融合形成一个巨型椭圆星系将需要 10 亿年的时间。

有些人认为这些碰撞的星系看起来像一个面具。

星系的类型

星系的形状和大小各异。它们的形状有椭圆形、旋涡形、棒旋形、透镜形，以及不规则形状。

年老的椭圆星系

椭圆星系呈圆形或椭圆形，与其他类型的星系相比，它们通常包含的老恒星更多，新生恒星更少。天文学家根据椭圆星系的圆度对它们进行分类：接近标准圆形的是 E0，呈长长的雪茄形的是 E7。

旋涡星系

旋涡星系是所有星系中外观最宏伟的。从俯视或仰视的角度，它看起来就像有许多条长而弯曲的手臂，上面布满恒星、星云和气体。有一些星系从地球上只能看到侧面，比如草帽星系。

M106 旋涡星系正以 537 千米/秒，即 193.32 万千米/小时的速度离我们而去

550 万光年

这是 IC 1101 星系的估算直径，它是已知最大的星系。

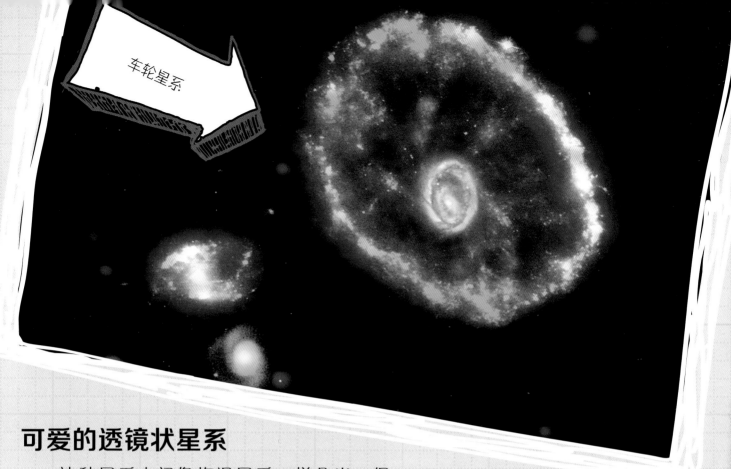

车轮星系

可爱的透镜状星系

这种星系中间像旋涡星系一样凸出，但是没有螺旋手臂。车轮星系是一个独特的透镜星系。天文学家认为，在1亿年前，它曾被一个小的星系撞击，造成一连串新的恒星陆续形成，它们呈环状围绕在星系中心周围。

什么是棒旋星系？

从太空俯瞰，有些旋涡星系中部似乎有一根坚固的凸起或棒状物穿过，它由气体、尘埃和恒星组成。这样的星系就是棒旋星系。"棒"的末端和星系的"手臂"上有新的恒星诞生。

都不适合

有些星系放入任何一个类型都不合适。这些星系就是不规则星系，它们可能是在碰撞之后形成的，或者是处于与其他星系较近的位置，因为受引力牵引而变型。大麦哲伦云是银河系的"邻居"，它就是一个不规则星系，它很可能包含了约100亿颗恒星。

银 河 系

银河系是我们称为家园的星系。我们身在其中，所以我们无法观测到银河系的全貌。但科学家们指出，银河系是由众多恒星形成的一个扁平的、盘状的巨大的棒旋星系。从它的中心伸出了几条旋臂。

重要参数

你可能觉得太阳系非常巨大，但从太阳发出的光仅需要不到一天的时间就可以"走访"一遍太阳系的所有行星。相比之下，银河系才是巨大无比的！光需要超过10万年才能穿越整个银河系。

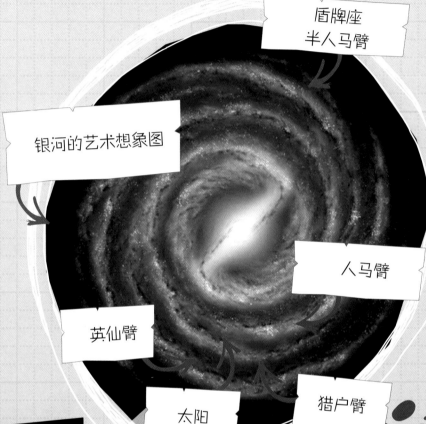

盾牌座
半人马臂

银河的艺术想象图

人马臂

英仙臂

太阳

猎户臂

银河的中心有什么？

科学家们认为，在我们银河系的中央，有一个巨大无比的黑洞，他们称之为"人马座A*"。黑洞是太空中包含了众多物质的点，引力极其强大，可以将任何东西吸进去，甚至光也不能逃脱。

方位

太阳系并非恰好处于银河系正中心的位置。它距离银河系中心大约2.7万光年。我们位于猎户臂上。猎户臂在英仙臂和人马臂之间，英仙臂和人马臂是银河系的两条主要的旋臂。

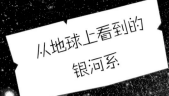

从地球上看到的银河系

长距离的旅行

太阳系沿轨道以每小时 79.2 万千米的速度围绕银河系的中心高速旋转，但由于路程极其漫长，它绕轨道一圈需要大约 2.25 亿年时间。

古老的计时器

在银河系中有一颗大约离我们 190 光年远的、已知的全宇宙最古老的恒星——HD 140283，也被称为"玛士撒拉星"（Methuselah）。据估计，它至少有 132 亿岁，几乎和宇宙的年龄相近。（注：该星曾被建议命名为"玛士撒拉"，国际天文学联合会未接受。）

星系吞噬者

银河系是一个"吞食"星系。过去，它消耗被它引力牵引的小星系。而现在，它正在吞噬大犬矮星系。

1000 亿颗

银河系中至少有 1000 亿颗恒星。

术语表

光年：光花费 1 年时间走过的距离（约为 94605 亿千米）。

轨道：一个天体在太空中环绕另一天体运动的路径，通常为椭圆形。

核：天体或原子的中心。

核聚变：在恒星内部进行的将原子核融合的反应，同时释放出巨大无比的能量。

黑洞：一类天体，它的引力极其巨大，以至于附近任何物体，包括光，都会被吸进去。

密度：用来描述一个物体在一定空间内含有多少物质的量。如果某个物体密度非常大，那么表明它在比较小的空间里容纳了很多物质。

视星等：从地球上观测到的天体的亮度。

万亿：一万个一亿。

物质：客观存在于空间中的实体（如固体、液体或气体）。

亿：一万个一万。

引力：物体之间相互作用的一股不可见的强大力量。

原恒星：处于正在形成阶段的恒星。

直径：横穿圆形或球体正中心，且两端都在圆周或球面上的线段。

质量：物体所包含的物质的总量。人们在生活中习惯上称之为"重量"。

主序：恒星进行核聚变的阶段。

扩展阅读

网站：

http://www.esa.int/esaKIDSen/Starsandgalaxies.html
欧洲航天局关于恒星和星系的数据。

http://www.cosmos4kids.com/files/stars_intro.html
有趣而清晰地解释了恒星如何诞生、发展和消亡，以及介绍各种类型的星系。

http://www.lpi.usra.edu/education/skytellers/galaxies/about.shtml
不同类型星系的图片和信息。

图片来源

封面（背景）：Shutterstock 网站 /A-R-T；封面（左上）：Shutterstock 网站 /notkoo；封面（上中）：Dreamstime 网站 /Goinyk Volodymyr；封面（左下）：NASA/Jeff Hester 和 Paul Scowen（亚利桑那州立大学）；封面（左下）：Shutterstock 网站 /Petrafler；封面（右下）：Shutterstock 网站 /Vadim Sadovski；扉页（背景）：Shutterstock 网站 /A-R-T；扉页（中下）：Shutterstock 网站 /solarseven。第 4 页（背景）：Shutterstock 网站 /vit-plus；第 4 页（左下）：Shutterstock 网站 /Lorelyn Medina；第 4 页（左下）：Shutterstock 网站 /fad82；第 4 页（右下）：ESA/NASA/Hubble；第 5 页（右上）：NASA/JPL-Caltech；第 6 页（右下）：Shutterstock 网站 /RedKoala；第 6 页（左下）：Shutterstock 网站 /RedKoala；第 7 页：Science Photo Library 网站 /Lionel Bret/Look At Sciences；第 8 页（左）：Shutterstock 网站 /Catmando；第 8 页（中下）：Shutterstock 网站 /andromina；第 9 页：Stefan Chabluk；第 10 页（上左）：Science Photo Library 网站 /Mark Garlick；第 10 页（左下）：Shutterstock 网站 /Happy Art；第 11 页（左下）：Shutterstock 网站 /gornjak；第 11 页（右上）：ESA/Hubble & NASA；第 11 页（右下）：NASA、ESA 和 JPL-Caltech；第 12 页（左上）：NASA/ 宾夕法尼亚州立大学；第 12 页（左下）：NASA/CXC/JPL-Caltech/STScI；第 13 页：ESA/Akira Fujii；第 14 页（右上）：NASA/Rogelio Bernal Andreo (Deep Sky Colors)；第 14 页（中下）：Science Photo Library 网站 /Christian Darkin；第 15 页（右上）：Shutterstock 网站 /bioraven；第 15 页（右下）：维基媒体 /Sephirohq；第 16 页（左下）：维基媒体 /Antonello Zito；第 16 页（右上）：NASA/Dana Berry、Sky Works Digital；第 17 页（左下）：Thinkstock 网站 /lilipom；第 17 页（右上）：NASA/ESA/Hubble Heritage (STScI/AURA)- Hubble/Europe Collab.；第 18 页（右下）：Shutterstock 网站 /bioraven；第 18—19 页：Shutterstock 网站 /sciencepics；第 20—21 页（中）：ESO；第 21 页（右上）：Shutterstock 网站 /Skocko；第 21 页（右下）：Shutterstock 网站 /Lorelyn Medina；第 22 页（左上）：NASA/Dana Berry；第 22 页（左下）：Shutterstock 网站 /RainsGraphics；第 23 页（左下）：Shutterstock 网站 /vector illustration；第 23 页（右上）：维基媒体 /Mysid/Jm smits；第 24 页：X-ray：NASA/CXC/SAO；Optical：Detlef Hartmann；Infrared：NASA/JPL-Caltech；第 25 页（中下）：NASA/JPL-Caltech/STScI/Vassar；第 25 页（右上）：Shutterstock 网站 /Malinovskaya Yulia；第 26 页（左下）：X-ray-NASA/CXC/Caltech/P.Ogle et al.；Optical-NASA/STScI，IR-NASA/JPL-Caltech，Radio-NSF/NRAO/VLA；第 26 页（右下）：Shutterstock 网站 /RedKoala；第 27 页：NASA/JPL-Caltech；第 28 页：NASA/JPL；第 29 页（中上）：Shutterstock 网站 /Viktar Malyshchyts；第 29 页（右上）：Shutterstock 网站 /fattoboi83；第 29 页（右下）：Shutterstock 网站 /andromina。

设计元素：Shutterstock 网站 /PinkPueblo，Shutterstock 网站 /topform，Shutterstock 网站 /Nikiteev_Konstantin，Shutterstock 网站 /Vadim Sadovski，Shutterstock 网站 /mhatzapa，Shutterstock 网站 /notkoo，Shutterstock 网站 /Hilch。

索 引